JM171245

新版 なぞとき恐竜大行進 ⑩

たかしよいち 文
中山けーしょー 絵

パキケファロサウルス

石頭と速い足でたたかえ！

理論社

もくじ

ものがたり……3ページ
ボスはおれだ！
なぞとき……49ページ
石頭(いしあたま)のきょうりゅうたち

←この角をパラパラめくると
ページのシルエットが動くよ。

ものがたり

ボスはおれだ！

ジャンボとデカのたたかい

「ゴーッ！　ゴゴゴゴーッ！」

かん高い声に、そいつは目がさめた。

パキケファロサウルス……したをかみそうな名まえの、わかいきょうりゅうだ。

りゃくして「パキケ」とよぶことにしよう。

パキケは体をおこし、声のするほうへ目を向けた。

「……!?」

はげちょろの岩山に、なかまがみんな集まっている。

おとなたちが、さかんにさわぎたて、子どもたちも、行ったり来たり。

なにごとかおきたらしい。

なまけんぼうで、ねむりんぼうのパキケは、あわててなかまたちのほうへ、かけだした。

木立ちのほとんどない、はげちょろ岩山のくぼみに、二〇頭ほどのなかまたちが、ぐるりととりかこんでいた。

そのどまん中に、二頭のおすが、たがいに、にらめっこをしながら、相手のようすをうかがっていた。

大きいほうがボスのジャンボ。その相手の、でっかち頭は、このごろめきめき力をつけてきた、わかいおすのデカだ。

「ゴッ！　ゴゴゴ！（やれやれっ、ぶっとばせーっ！）」

まわりから声がおきた。

そのしゅんかん、にらめっこを

つづけていたデカが、ぐんと
頭をさげて、ジャンボのほうへ
とっしんした。
ジャンボも、さっと頭を
さげて、おもいっきり
前にとんだ。
ガチーン！

二つの頭は、音をたててぶつかりあった。そして、二頭は頭をつきあわせたまま、たがいに足をふんばった。

じりじりじりっ！

ジャンボは力いっぱい、相手をおした。だが、デカもまけてはいない。

少しずつ、あとずさりをしながらも、なんとかおしかえそうと、けんめいだ。

「クワーッ！（やめて！）」

「クワーッ！（やめてーっ！）」

めすたちが、さかんにがなりたてた。

子どもたちは、めすのまわりをうろちょろしながら、二頭のおすのたたかいを、こわごわ見つめていた。

「ゴゴゴッ！　ゴッ！（やれやれ、やっちまえーっ！）」

わかいおすたちは、いいかげんだ。

たたかっているボスとデカの、どちらをおうえんするというのでもなく、おもしろ半分にヤジをとばしている。

「ゴゴーッ！（やっちまえーっ！）」

あとからかけつけたパキケも、おすたちにまじってさけんだ。もうねむけなんか、いっぺんにふっとんでしまった。

はじめは、じりじりとあとずさりしていたデカは、しばらくすると、こんどはぎゃくに、ジャンボをおしかえした。

ジャンボにくらべて、デカはわかい。そのわかい力がものをいった。

（まさか？）

と、ジャンボも、いささかあわてた。

いつのまに、こんなに力をつけやがったんだ！

こんなへなちょこめにまけてたまるか。ボスの座をうばわれてたまるもんか！　そんな思いが、ジャンボの

体をかけめぐった。

ジャンボは、さいごの力をふりしぼって、おしかえした。

だが、相手はぐんと足をふんばり、おしかえしてきた。

そのときをねらって、ジャンボは、さっと、

体を横にひらいた。

ドドドーッ！

デカは、前のめりにつんのめった。その横っぱらに、ジャンボの石頭が、ガツーンと、とんできた。

「クワーッ！」

デカはひめいをあげた。

ドーン！　ドーン！　ドーン！

つづけざまの頭つきが、さすがのデカをまいらせた。

デカは、はらばいになり、ゼーゼーゼーと苦しい息をはいた。

「クワーッ！（どうだ、まいったか！）」

ジャンボは、デカの頭を前足でおさえ、

高らかに、勝ち名のりをあげた。

「クワーッ！　クワーッ！（やった、やったあ！）」

まわりをかこんだなかまたちは、それにこたえるように、いっせいにさわぎたてた。

めすたちは、ジャンボのまわりにかけよった。

それぞれのめすは、ジャンボの鼻に自分の鼻をくっつけて、ボスの勝利をいわった。

（これからも、あんたのおよめさんでいるわよ）

という、しるしのあいさつだ。

ボスのジャンボは、まんざらでもないといったようすで、目を細め、めすのあいさつをうけた。

そのすきにデカは、地べたをはうようにして、こそこそにげだした。なかまの目をさけるようにして、岩山をおり、しげみの中に、すがたをくらました。

なんてこった！　そのようすを見ながら、パキケはなんだか、さみしい思いにかられた。

「クワーッ！（どうだ。おれにさからって、めすに手を

出したやつは、みんなあいつのような目にあうんだぞ！）」

とでもいうように、ジャンボは、まわりをかこんだなかまたちを見まわして、ひときわ大きな声でほえた。

ジャンボのさいご

あれっきり、どこへ行ったのか、デカのすがたは見えない。

ボスにさからったやつは、なかまはずれになり、いずれ、肉食きょうりゅうのえじきになるのが、おちだ。

きょうも、なかまをしたがえたボスのジャンボは、

ゆうゆうと、先頭を歩いていく。
おいしい草のある場所をめざし、
めすをひとりじめしながら、
歩いていく。
　パキケは、そんなボスを横目で
見ながら、なかまにまじって歩いた。
（ああ、おれだっておよめさんが
ほしい）
　パキケはこのごろ、しきりに
そんなことを思うようになった。

だが、もしめすに近づいたり
しようものなら、それこそジャンボの
頭つきをくらい、ひどいめにあうだろう。
およめさんがほしけりゃ、ジャンボに
勝つことだ。
ジャンボに勝つためには、ジャンボに
まけない頭つきの力を持つことだ。
そうなんだ。自分の頭を、どんなやつにも
まけない、がんじょうな石頭にすることだ。
パキケは、やっとそのことに気がついた。

なまけもので、ねむりんぼうのパキケは、もう
なまけてなんかいない。いつまでも、
ねむりんぼうでばかりはいない。
コーン！　コーン！　コーン！
まだ、なかまのだれもおきていない、
うすぐらい朝、森の中で、そんな
音がきこえてきた。
朝もやをすかしてよく見ると、
それはなんと、パキケだ。
パキケは、大きな木のみきに、

自分の頭をぶっつけて、
頭つきのまっさいちゅう。
カーン！
頭をぐんとさげ、せいいっぱい、
木のみきに頭をうちつけたしゅんかん、
パキケの目玉から火花がちる。頭の中が、
くらくらっとして、息もとまるほどだ。
だが、パキケはひるまない。
石頭！　石頭！　石頭！　なんとしてもボスのジャンボを
うちまかす、強力な石頭にきたえなきゃならんのだ。

カーン！　カーン！　カーン！

なかまたちが、あさねをしているときも、

ひるねをしているときも、パキケはひとりだけで、

頭つきのれんしゅうにせいを出した。

そんなある日、まるでふってわいたように、おそろしい

できごとが、おきた。

ボスのジャンボが、肉食きょうりゅうのあばれんぼう、

ゴルゴサウルスにおそわれたのだ。

その日は、うだるようなあつさだった。
食事がすんで、なかまたちは川へはいって、体をひやしていた。もちろんパキケもいた。
ボスのジャンボは、そんなあいだじゅうも、見はらしのよい高いところで、見はりをしていた。いつなんどき、おそろしい肉食のきょうりゅうがおそってこないともかぎらないからだ。
でもその日は、あまりのあつさと、食事のあとの、ゆったりとした気分のためにジャンボも気がゆるんでいた。

「グワァーッ！」

という、するどいジャンボの声で、
水遊びをしていたパキケは、
びっくりして、声のするほうを見た。
首から血を流したボスのジャンボが、
こちらを向き、よろよろしながら、
にげてくる！
そのうしろを、あばれんぼうの
ゴルゴサウルスが、すさまじい
かっこうで、追っかけてくるのだ。

「コッココココ……（早く、早く、早く……）」
なかまは、みんな大声をあげ、ジャンボをよんだ。
めすたちはおろおろしながら、さわぎあった。
ザブーン！　ジャンボは、力をふりしぼって、
おもいっきり、川の中にとびこんだ。
もうひと息で、ジャンボをしとめたはずの
ゴルゴは、川を見て、はっと立ちすくんだ。
ゴルゴは大の水ぎらいだ。
パキケたちは、いそいで
川の中のジャンボを助けた。

ボスはおれだ！

「クワクワーッ！（ばかもの、出てうせろ！）」
みんなで、あばれんぼうのゴルゴに向かって
さけんだ。
「ガォーッ！（ちくしょうめ！　おぼえてろ！）」
ゴルゴはくやしそうに、川の中のみんなに
向かってほえた。だが、どうしようもなく、
すごすごと、その場を立ちさっていった。
川の中にとびこんだジャンボのきずは、
とてもひどかった。ゴルゴに首ねっこを
かまれて、もう息もたえだえだった。

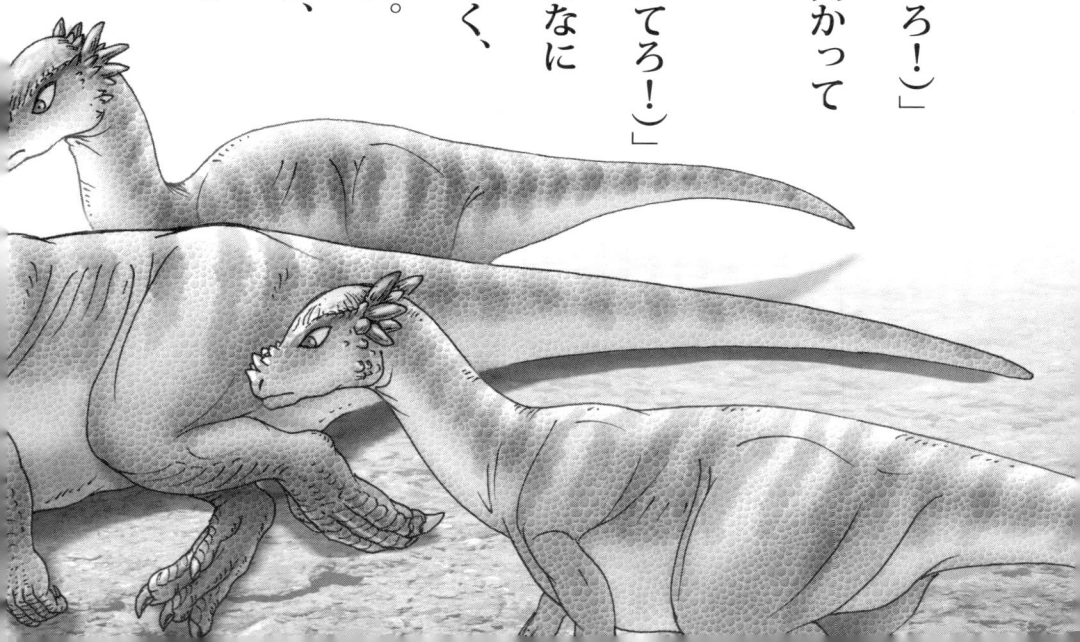

ゴルゴが立ちさったあと、
きしべにはいあがった
ジャンボは、苦しそうにうめいた。
めすたちは、しんぱいそうに
ジャンボのそばによりそい、クークークー
とないた。
でも、だれにも、どうすることもできない。
夕ぐれがせまり、あたりが暗くなりはじめた
とき、ジャンボは、なかまの見守るなかで死んだ。
なんともあわれな、ジャンボのさいごだった。

新しいボス

夜が明けた。

クワーッ！（おれだ！）

というその声に、パキケは目がさめた。

「グァ！（わぁっ！）」

パキケだけではない、目をさましたみんなも、

いっせいに、自分の目をうたぐった。

なぜって、ジャンボとのたたかいにやぶれ、

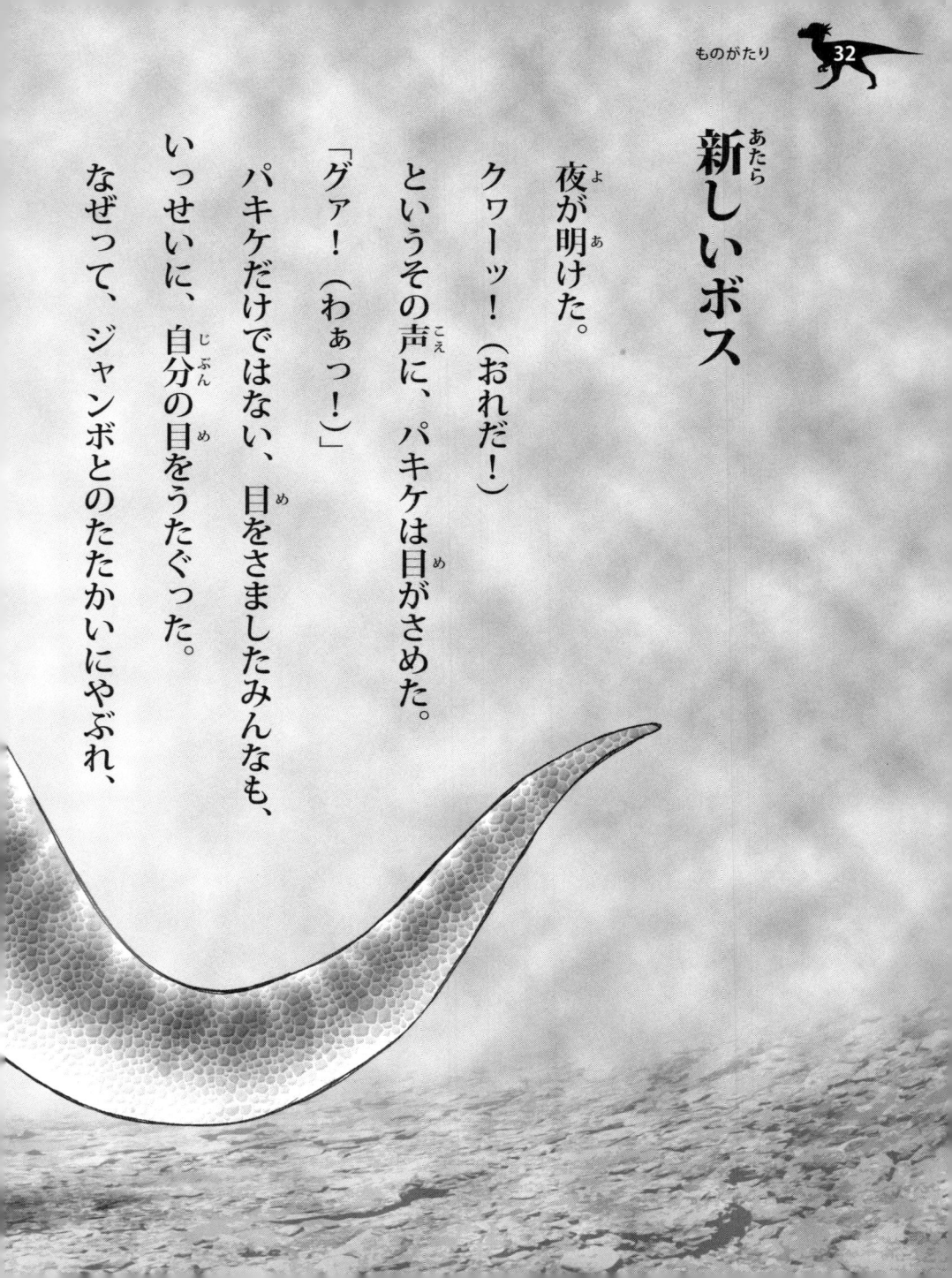

どこへともなく消えた、あのデカが
そこにいたからだ。

デカは、あのときより体もひとまわり大きく、いっそうたくましくなっていた。

「グワッ、グワッ、グワッ、グワ（まさか、おれをおぼえてねえとはいわせねえぜ）」

デカは、びっくりしているなかまたちを、ギラリ！　と、するどい目でにらんだ。

「クワーッ！（さあ、どいつでもいいぜ、もんくがあるなら、かかってこい！）」

デカは、もうボスにでもなったように、すっかりいばりちらし、するどい声でさけんだ。

その声をきいただけで、おすたちはふるえあがった。
だれも、相手になろうというものはいない。
「グァー（きょうから、おれがおめえらのボスだ）」
そういいながらデカは、ふるえあがっている
めすのほうへ、ゆっくりと近よっていった。
そしてめすの鼻先に、自分の鼻をくっつけてきた。
「カァ！（助けてーっ！）」
めすはひめいをあげた。そのしゅんかんだ。
「グァーッ！（おれが相手だ！）」
パキケが立ちあがり、デカに向かってさけんだ。

「グォー！（なんだと、わかぞう。おれさまに向かって、そんなことばをはいていいのかい！）」

パキケはそれにはこたえず、ドドドドーッと足ばやに、岩場のほうへ走った。そのあとをデカが追った。

かつてジャンボとデカとがあらそった、いんねんの岩場をめざし、パキケはのぼっていった。

二頭のあとに、なかまたちがつづいた。

パキケとデカは、まるでリングにのぼったボクサーのように、たがいににらみあったまま、いっしゅんのすきをねらった。

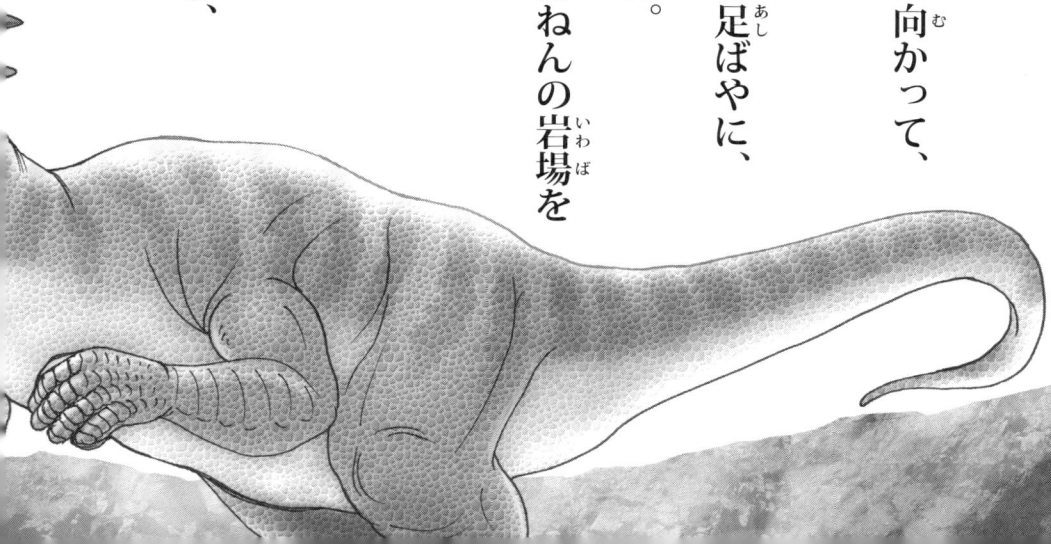

なかまたちはいつかのように、そのまわりをかこんだ。

「ゴーッ！　ゴゴゴ！（やれっ！　やっちまえーっ！）」

おすの一頭がさけんだ。

それはまるで、リング上になりひびく試合開始のゴングだ。

パキケとデカは、パッと大地をけってとっしんした。

ガツーン！

二頭のおでこは、火花をちらしてぶつかりあった。

いっしゅん、パキケの頭の中はまっ暗になった。もし、パキケが、朝夕に森の中で、頭つきのもうれんしゅうをしていなかったら、このいっしゅんで勝負がついたかもしれない。

それほどデカの頭つきは、きょうれつだった。
それもそのはず、ジャンボにやぶれ、ひとり
ぼっちになったデカは、肉食きょうりゅうの
しゅうげきにおびえながらも、ジャンボへの
ふくしゅうにもえ、頭をきたえ、体をきたえてきた。
そのデカも、パキケの石頭におどろいたようだ。
（なんてやつだ。こいつめ、ゆだんはできないぞ）
二頭は、頭をつけあったまま、ひっしにおしあった。
ずるずるずる……とデカはあとずさりをした。それほど、
パキケの力はすごかった。

（まけてたまるか。こんなわかぞうに！）

デカはぐいっと足をふんばり、おしかえした。

でもパキケは、びくともしないどころか、ぐん、とおしかえしてきた。

（いまだ！）

デカは、かつてジャンボが自分とのたたかいでやったように、相手の力をりようして、さっと体をひらいた。

だがパキケは、一歩、二歩、前に出ただけで、ぐいと足をふんばり、みごとに体をささえた。

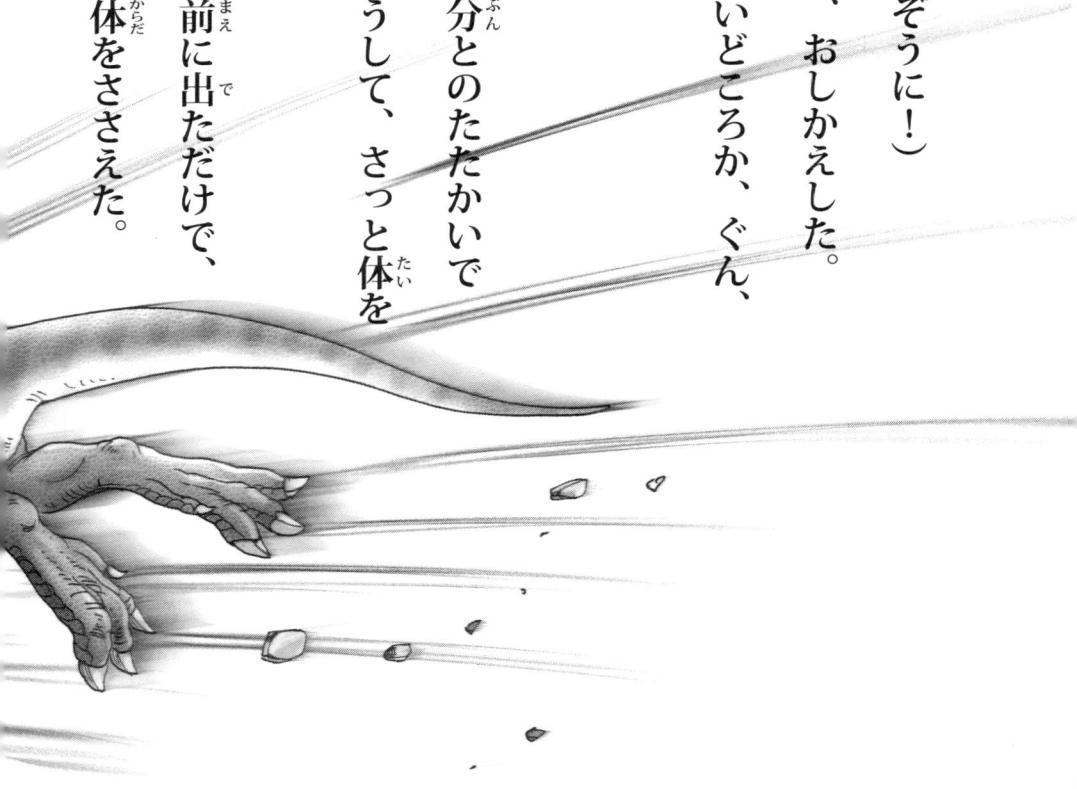

そして、いっしゅんひるんだデカの頭めがけて、力いっぱい自分の石頭をぶっつけた。

ガツーン！

二頭の頭は、ふたたびはげしくぶつかった。

だが、もうデカにはいきおいがなかった。

パキケの、もうれつな頭つきをくらったデカの頭は、プシュッ！　と空気のぬけたような音をたて、赤い血がふき出した。

あれほどがんじょうだったデカの石頭も、パキケの頭つきをくらったしゅんかんに、はかいされたのだ。かたい

石頭にひびがはいり、たいせつな脳がこわれてしまったのだ。

「クーッ！」

デカの目はうつろになり、口からあわをふき、ドターッ！

とくずれるように、体を地べたになげだした。

そして、ひくひくひくと手足をふるわせながら、そのまま、

息がたえてしまった。

「ゴッゴッゴッゴッ！（やった、やったあ！）」

まわりから、なかまたちの大かん声がわきおこった。

あまりにもあっけない勝負に、パキケはただぼんやり

して、たおれた相手を見つめたまま、立ちつくしていた。

めすたちがいっせいにかけよってきて、
パキケに体をすりよせた。
「クゥ、クゥ、クゥ！（なんてすばらしいの、
わたしはもう、きょうからあなたの
およめさんですよ）」
めすたちは、そんなことをさけび、
われさきに、パキケの鼻先に
自分の鼻をすりつけてきた。
そのときになってパキケは、
はじめて自分が、デカに勝ったことを知った。

「クェー！（おれは勝った。勝ったぞーっ！）」

パキケは、血を流してたおれたデカの頭を

ふんづけ、勝ち名のりをあげた。

「クワクワーッ！（ばんざーい！）」

なかまたちは、みんなで大声をあげ、
パキケのまわりを、すなけむりをあげて走りまわった。
（ああ、おれは、とうとうボスになったんだ。あんなにほしかったおよめさんも、おれのものになった）
パキケの体の中に、わくわくするようなよろこびが、わきあがってきた。
パキケは、めすたちの鼻のあいさつをうけながら、なんともうれしい気分だった。
「クワ、クワ、クワ（さあ、ものども、これからおいしい朝めしを食べようではないか。おれについて来い！）」

かつて、ジャンボがさけんでいた、
そのとおりを、パキケは声高らかにさけんだ。
そして、はればれとした顔で、自分が
先頭になって、おいしい草のある
しげみに向かって岩場をかけおりた。
なかまたちも、新しいボス、
パキケのあとにつづいて、
いっせいに岩場をかけていった。
空には朝の太陽が、キラキラとかがやいている。

なぞとき

石頭(いしあたま)のきょうりゅうたち

鳥の腰を持ったきょうりゅう

「パキケファロサウルス」なんて、とてもよびにくい名まえのこのきょうりゅうは、「ぶあつい頭を持ったトカゲ」という意味です。

むずかしい古生物学の用語では「堅頭竜類」とよんでいます。まさしく「かたい頭」ということですね。

ものがたりにもあったように、パキケファロサウルスは、そのかたい頭をぶっつけあっ

堅頭竜類の化石が見つかった場所

て、ケンカをしたのではないかと考えられています。

もっとも、だれも見たものはいないわけで、はたして、かたい頭をぶっつけあったかどうかはわかりませんし、ぶっつけあうほどかたくはなかった、という説もあります。

これからの新しい発見によって明らかになることでしょうが、わたしはいまのところ、頭つき説を支持します。

パキケファロサウルスは、いまからおよそ七千万年前ごろの中生代「白亜紀後期」とよ

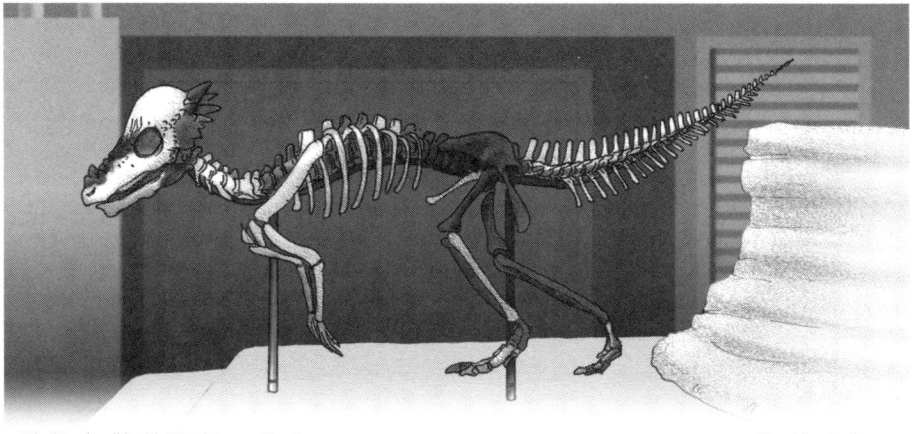

国立科学博物館に展示されているパキケファロサウルスの骨格模型

ばれる時代にすんでいました。

これまでに、北アメリカとカナダから化石が発見されています。

体の大きさは、四メートルから八メートルくらいで、きょうりゅうのグループでいうと、おもにうしろ足だけで歩きまわる「鳥盤目」のなかまです。

「鳥の腰」つまり、いまの鳥に似た腰のかたちをしていて、尾で体をささえ、歩いたり走ったりするときは、尾を地面から持ちあげました。

つの大きなグループに分けられます

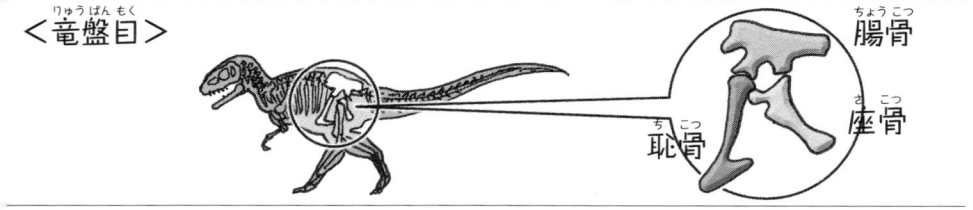

竜盤目のきょうりゅうたち

体つきは、わりと身がるで、ほかのきょうりゅうにくらべて、かなり速く走れたのではないか、と考えられています。

このなかまのほとんどは草食性で、このシリーズでは『メガロサウルス』の巻に、イグアノドンが登場します。また、『パラサウロロフス』の中に、頭にパイプのようなとさかを持ち、かつて「忍者きょうりゅう」のニックネームでよばれたカモノハシきょうりゅうも出てきます。

鳥盤目と竜盤目 きょうりゅうは腰の骨の形で、「鳥盤目」・「竜盤目」という、

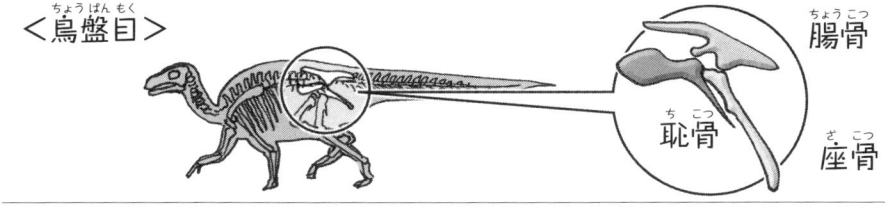

鳥盤目のきょうりゅうたち

イグアノドン　パキケファロサウルス　トリケラトプス　ステゴサウルス　パラサウロロフス

ふしぎな頭

さて、パキケファロサウルスに話をもどしましょう。

体つきは、ほかの鳥盤目のきょうりゅうとさほど大きくちがったところはありません。ちがっているのは、その頭です。

パキケファロサウルスの頭骨は、口先から頭のうしろまで、およそ六〇センチメートルほどでした。

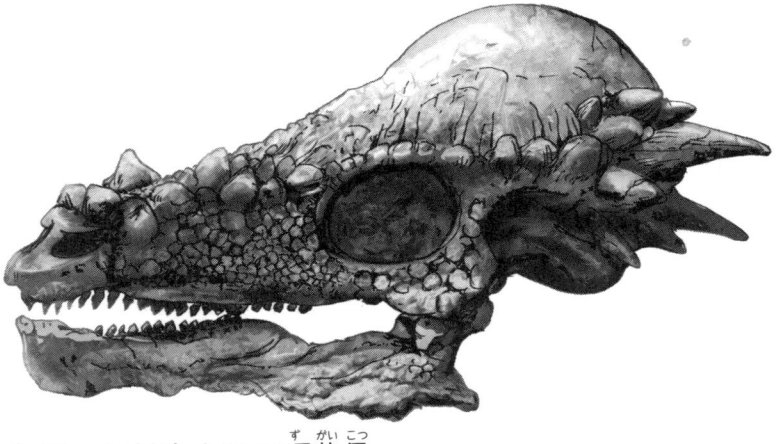

パキケファロサウルスの頭蓋骨

頭は約二五センチメートルもある、ぶあつい骨でおおわれており、さらに、頭のふちや前のほうに、たくさんのコブのような骨がついていました。

そんなわけで、頭の中、つまり脳みそは、なんと、ニワトリのタマゴほどの大きさしかありませんでした。

そんな小さな脳みそで、よくもまあ、大きな体をうごかして、生きていくことができたものですね。

そのへんのところは、大きななぞとされて

います。

なにしろ、二五センチメートルもの厚みのある頭の骨を持ったきょうりゅうは、ほかにはいません。

まさしく「石頭きょうりゅう」の名まえにふさわしい頭です。

鼻の上には、ゴツゴツした、みじかいとげがありました。

口先はとがっていて、植物をくいちぎる役目をしただろう、といわれています。

茎や木の葉、ときには木の実なども食べた

堅頭竜は角竜に近いグループです

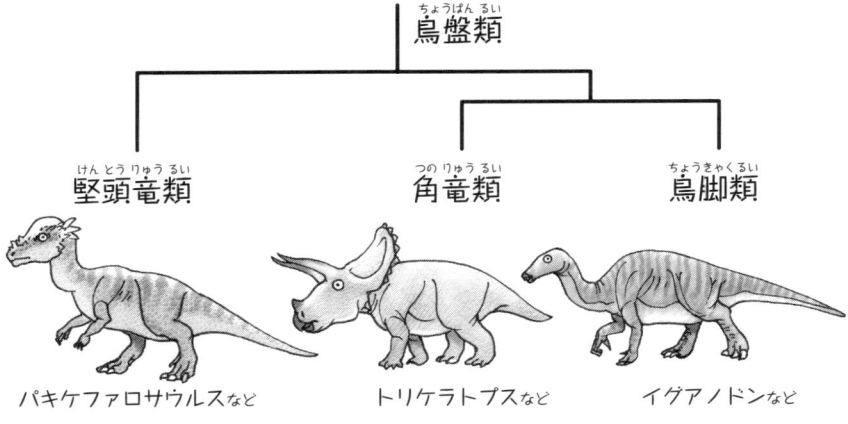

かもしれません。

古生物学者の中には、昆虫も食べたのではないかという人もいます。

さて、問題は、そのきみょうな石頭です。

いったい、なんのために、そんなにかたく、ぶあつい骨で、頭がおおわれていたのでしょうか……。

この本のものがたりでは、おすとおすがたたかうとき、たがいに頭をぶっつけあい、勝負をきめたことになっています。

はじめ、ボスのジャンボに勝負をいどんだ

白亜紀に登場した昆虫たち

甲虫

アブ

チョウ

ハチ

ガ

花を咲かせる植物が登場して、新しい昆虫が増えましたのは、わかいおすのデカでした。

デカは、ジャンボをたおし、なんとしてもボスの座につきたかったのです。ボスの座につかなければ、めすを、自分のおよめさんにすることはできません。

めすがほしければ、ボスのジャンボをたおさなければならないのです。

ほんとに、そんなことがあったのか……とみなさんは思うでしょう。

しかし、このお話は、ただの想像だけでつくったのではありません。

ライオンも ボスのオスがメスをひとりじめします

みなさんの、身近な動物で、たとえばシカを例にあげましょう。

野生のシカは日本にもいますが、このニホンジカは、たくさんのむれをつくって生活をしています。しかし、むれはちゃんと、ボスにあたる強いおすによって、ひきいられているのです。

ボスは、めすのシカをひとりじめにし、もし、ほかのおすが、横どりでもしようものなら、角をふるってたたかいます。

結婚の季節をむかえると、めすがほしくな

ニホンジカ

ったわかいおすは、ボスにたたかいをいどみます。

ボスも、まけじとたたかいます。

角と角とをぶっつけあい、はげしくたたかうのです。

体がたくましく、しかも大きな角を持って、相手をおしまくり、きずをおわせて、さいごには、そのたたかいに勝ったほうが、そのむれのボスとなり、そして、めすを自分のものにできるのです。

パキケファロサウルスの石頭は、つまり、

シカでいえば角にあたり、石頭を使ってたたかって、勝負をきめたのではないか、という考えがもとになって、この本のものがたりができたわけです。

じつは、古生物学者の多くが、そんな考えに立って、パキケファロサウルスの石頭を理解しようとしています。

もっとも、古生物学者の中には、石頭はぶっつけあうのに使ったのではなく、そのかっこうを相手に見せて、おどしをかけるだけのものだったのではないか、という考えの人も

あざやかな模様がついていたかもしれません

います。

しかし、もしそうだとしたら、なにも、ぶあつく、がんじょうな石頭でなくてもいいはずです。

あれだけ厚い骨でおおわれていたのは、ただ見せかけだけのものではなかったはずです。わたしはやはり、じっさいに、頭と頭とをぶっつけあうためのものだったのではないかと思います。

だとすると、石頭はおすだけのもので、めすにはなかったのか、というぎもんが、とう

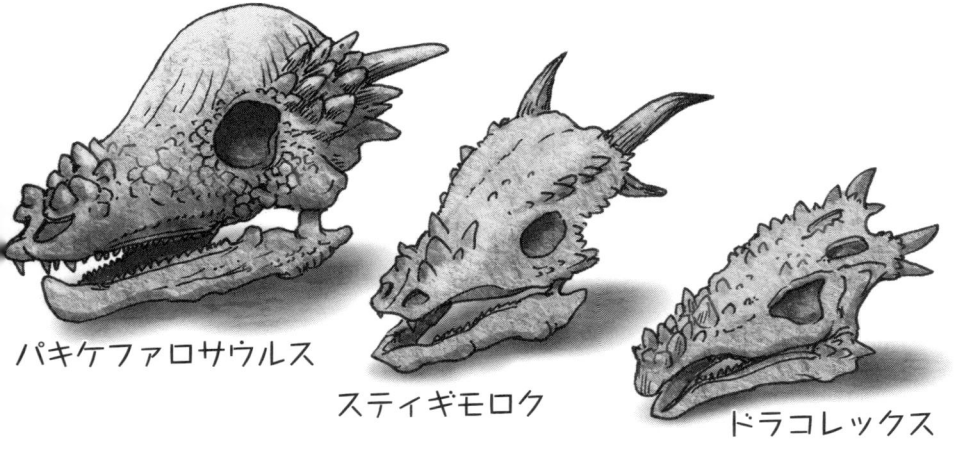

ぜんおこることでしょう。

ざんねんながら、発見された多くが化石になった頭の骨だけなので、おす、めすのくべつがつきません。

ニホンジカの角は、おすだけにあり、めすにはありません。

ひょっとすると、パキケファロサウルスの石頭は、おすだけのもので、めすは石頭ではなかったのかもしれません。

しかし、このなぞは、そうかんたんにはとけないでしょう。

堅頭竜類の頭の骨

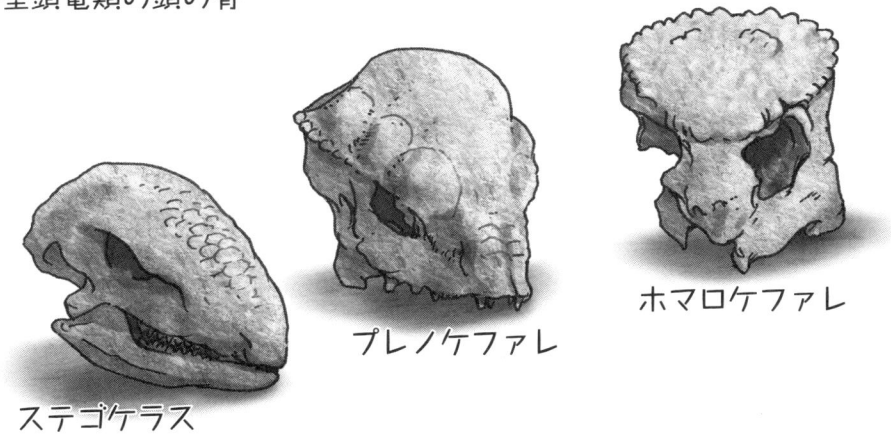

きょうりゅうのたたかい

さて、パキケファロサウルスが、石頭をぶっつけあってたたかったとして、どんなたたかい方をしたのでしょうか……。

ものがたりでは、たがいに、にらみあったあと、さっととび出し、まずは頭と頭をぶっつけることになっています。

みなさんはテレビなどで、闘牛をごらんになったことがありますか？

闘牛（沖縄県）

二頭のウシが、両方にわかれて、まずは頭をさげてとっしんし、角と角とをぶっつけあってたたかいます。

おそらく、そんなたたかい方をしたのではないでしょうか。ただ、むやみやたらと、ぶつかりあったわけでもないでしょう。

アメリカの古生物学者ランバート博士は、そのことについて、とてもおもしろいことを書いています。

下の図（ア）をごらんください。

この図は、パキケファロサウルスのなかま

（ア）

©David Lambert

のステゴケラスというきょうりゅうの、たたかい方をあらわしたものです。

(ア) について、ランバート博士はつぎのようにいっています。

「二ひきのステゴケラスが、まっこうから、しょうとつしている。このたたかいに勝ったほうが、めすのむれを支配したのだろう。

このような光景は、いまのロッキー山脈(北アメリカ西部)のあたりで見られる。そこでは、オオツノヒツジのおすが、同じように頭をぶつけあう」

オオツノヒツジ の たたかい

つぎに（イ）です。

「ステゴケラスが頭をぶつけあうとき、はげしいぶつかりの力は、頭の骨のいちばん厚いところから、背骨をまっすぐにとおって、脳や背骨が、ひどい痛手をうけるようなことはなかった」（デビット・ランバート編、長谷川善和、真鍋真訳『恐竜の百科』平凡社）

ものがたりでは、主人公パキケがデカとたたかうところで、二頭がガツーンと頭をぶつけあい、いっしゅんパキケの頭の中が、まっ暗になるところがありましたね。

（イ）

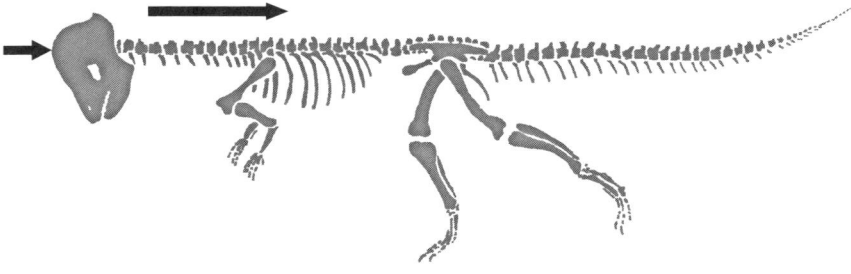

©David Lambert

これはまったくの想像でえがいたものですが、ひょっとしたらその一発で、相手が脳しんとうをおこして、ひっくりかえって、のびてしまうこともあったかもしれませんね。

ただパキケが、自分の石頭をきたえるために、朝早くおきて、森の中で、木に頭をぶつけるところがありますが、あれは、あくまでもものがたりで、ドラマをもりあげるために勝手につくったものです。

シカやヤギなどは、自分の角を木のみきなどにすりつけて、とぐ習性があります。

ニホンジカの角とぎ

パキケファロサウルスも成長する中で、頭をなにかにぶつけて、きたえることはあったかもしれません。そんなことを想像しながら、ものがたりの中に加えました。

また、この本だけではありませんが、ものがたりを書くのに、いちばん苦心するのは、きょうりゅうの声です。

たとえば「ゴーッ！　ゴゴゴゴーッ！」なんてなき声が、ものがたりのいちばんさいしょに出てきます。

（やれやれっ、ぶっとばせ！）なんていう意

木にのこった角とぎの あと

味が、カッコの中につけられていますが、すべてはつくり話です。でも、ものがたりを楽しくするために、いろいろ苦心したなき声や、ほえ声を考えるのもたいへんです。

それでも、きょうりゅうは、まったく声を出さなかったのかといえば、そうではないでしょう。

とくに怒りのはげしいときは、なんらかの声を出し、相手をおどしたりしたのではないか、と思われます。

ものがたりの中で、パキケたちはボスのジ

「大恐竜帝国2013」に展示されていたパキケファロサウルスの復元では「メェ〜」という鳴き声でした

ャンボにひきいられて、なかまといっしょに行動します。

そしてパキケが、デカとのたたかいに勝ち、自分がボスの座につくと、こんどはみんなをひきつれて、食べ物のあるしげみにおりていきます。

みなさんがよく知っている、草食のウマやシカやゾウなどは、みんなむれをつくり、ボスにひきいられて行動します。

そうしていないと、おそろしい肉食のライオンやオオカミなどから、身を守ることがで

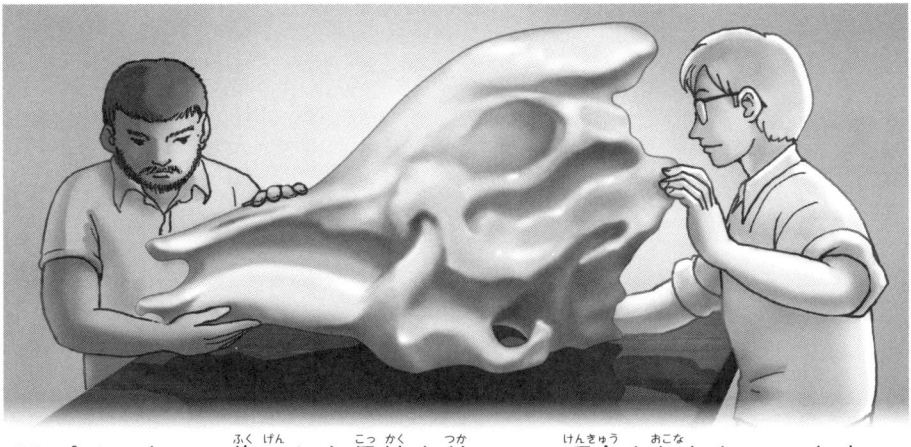

3Dプリンターで復元した骨格を使っての研究も行われています

きないからです。

おそらく、きょうりゅうの時代にも、パキケファロサウルスのような草食のきょうりゅうたちは、なかまがひとかたまりになり、ボスにひきいられて行動したでしょう。

古生物学者は、パキケファロサウルスは、なかまや家族たんいで、かたまってうごきまわっただろう、といっています。

ものがたりでは、ボスのジャンボが、ゴルゴサウルスという肉食のきょうりゅうにおそわれ、さいごにとうとう死んでしまいます。

おそらく、そうしたかなしいできごとは、いくどとなくおきたことでしょう。

でも、あるときは、その石頭を使い、肉食きょうりゅうを相手に、ゆうかんにたたかうこともあったかもしれません。古生物学者の中には、パキケファロサウルスの石頭は、敵から身を守るためのもので、おす、めすのくべつなく、同じようにかたく、厚い骨でできていた、という人もいます。

バッファローというウシは、草を食べる動物ですが、ライオンにおそわれたときは、そ

の角を使ってゆうかんに立ちむかい、ときには、反対にライオンをたおすことがあります。

ひょっとするとパキケファロサウルスも、肉食きょうりゅうにおそわれて、かたい石頭で立ちむかうことがあったかもしれません。

石頭のなかまたち

さて、パキケファロサウルスのいた白亜紀後期には、同じような石頭のなかまたちがいました。

ライオンも水牛のむれからは逃げだします

その骨の化石は、おもに北アメリカとアジア（中国）から見つかっています。

いまのところ、いちばん古い堅頭竜類の祖先が、どんなきょうりゅうだったのかは、まだつきとめられていません。

しかし、パキケファロサウルスの祖先にあたるきょうりゅうや、同じなかまの石頭きょうりゅうの化石は、あちこちで発見されているのです。

これから、そのいくつかをしょうかいしていきましょう。

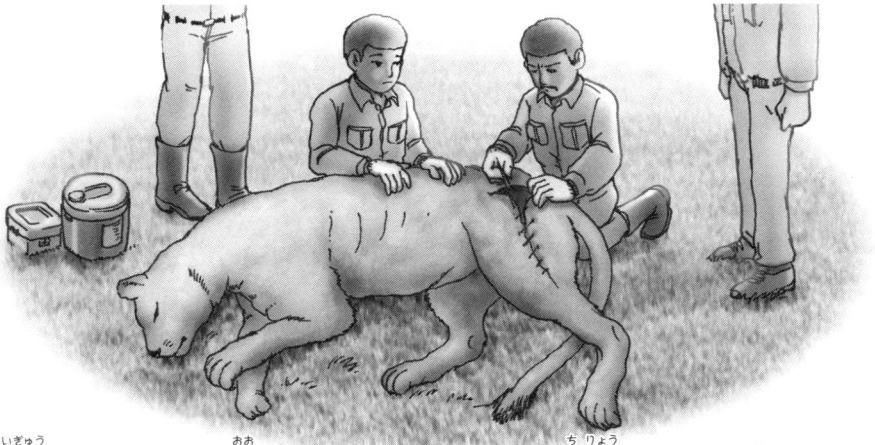

水牛におそわれて大けがをしたライオンの治療（アフリカ）

ステゴケラス

カナダのアルバータ州で、頭骨や体の各部が見つかり、小型のパキケファロサウルスのなかまだということが明らかになりました。

ステゴケラスとは、「角のある天井」という意味です。

というのは、頭の骨のいちばん上、つまり家でいう「天井」の部分が、ちょうどドームのようにまるくなっていて、かたく厚い骨でできているからです。

しかしパキケファロサウルスの頭とくらべ

ステゴケラスの復元模型

ると、四分の一ほどの大きさしかなく、顔がずっとみじかくできています。

これまで発見された堅頭竜類の頭骨には、ドーム状のものと、ひくく平らなものの二つのタイプがあり、これはおす・めすのちがいをしめすものか、あるいはその幼体（子ども）と考えられています。

ステゴケラスの体長は、二〜三メートルほど。きわめて小さな前足にくらべて、うしろ足は長く、二本足で歩き、走るのにてきした体をしていました。

御所浦白亜紀資料館（熊本県）に展示されているステゴケラスの骨格模型

ノコギリ状の歯の中に、するどいキバを持っていたことから、雑食だったのではないかともいわれています。

プレノケファレ

ドーム状の頭骨を持つ堅頭竜類のなかまには、プレノケファレがいます。

モンゴルやアメリカ南西部から、頭骨と少しの体の一部が発見されているだけで、復元するとすれば、ほかの堅頭竜類と同じように、みじかく太い首、みじかい前足、長いうしろ足といった体形になるのでしょう。

ホマロケファレ（奥）とプレノケファレ（手前）の復元模型

まるい頭部の前方には傾斜があり、小さな骨のスパイクとコブがならんでいます。体の長さは二・五メートル、体重は一三〇キロくらいと考えられています。

ホマロケファレ

プレノケファレのなかまには、ホマロケファレという堅頭竜類がいますが、こちらの頭は平らでクサビ型をしており、最近の研究ではプレノケファレの幼体（成長段階の子ども）ではなかったか、と考えられるようになりました。

堅頭竜類の名前の意味

- **パキケファロサウルス**……厚いあたまのトカゲ
- **スティギモロク**……三途の川の悪魔
- **ステゴケラス**……角のある かたい頭
- **プレノケファレ**……かたむいている頭
- **ホマロケファレ**……たいらな頭
- **ドラコレックス・ホグワーツィア**……ホグワーツのドラゴン王

スティギモロク

同じ堅頭竜類のきょうりゅうの中でも、ひときわかわった頭のかたちをしているのが、スティギモロクです。

アメリカのモンタナ州で見つかった頭骨は、長さ四六センチメートルもあり、これより大きいのはパキケファロサウルスだけです。

同じ堅頭竜類とちがうのは、ドームの大きさがすこし小さく、側面にかけてやや平らになっていますが、頭のうしろに大きな角と、鼻の上から側面にかけて、たくさんのトゲが

スティギモロクの復元模型

顔をおおっていることです。

大きい角は太さ五センチ、長さ一五センチもあり、そのまわりから鼻にかけて、大小のトゲをびっしり生やして、かざりつけているのです。

見るからにこわい顔ですが、この顔と角でめすの取り合いをしたり、頭でおしあいをしたのでしょうか。

ところが最近になって、スティギモロクはパキケファロサウスの幼体である、という説もあらわれました。

映画「ハリー・ポッター」に出てきそうな姿から「ホグワーツのドラゴン王」という名前をつけられたドラコレックスも、パキケファロサウルスの幼体という説があります

それどころか、「すべての平らな頭骨を持つ堅頭竜類は幼体である」というのです。

これから一体、どうなるのでしょう。

おそろしい敵、ゴルゴサウルス

さいごに、ものがたりの中で、ボスのジャンボをおそったゴルゴサウルスについて、ふれておきましょう。

ゴルゴサウルスは、このシリーズの『ティラノサウルス』で大あばれした、肉食きょう

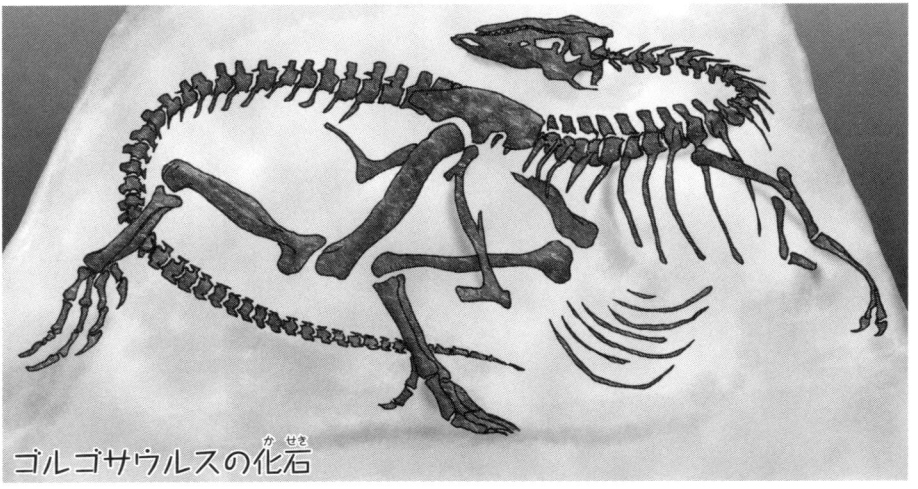

ゴルゴサウルスの化石

りゅうティラノサウルスのなかまです。

ティラノサウルスにくらべ、やや小さく、体長は大きなものでも九メートルくらいでした。体高は約三メートル、体重は二・五トンと推定されています。

がんじょうな頭骨にはするどい歯があり、三本指のつめを持った、がっしりとした足と、長い尾で体をささえ、前かがみのようなしせいで、歩いたり走ったりしたと考えられています。

古生物学者によっては、ゴルゴサウルスは、

ゴルゴサウルスの復元模型

そんなに足の速いきょうりゅうではなく、体を休めるときは、地面にぺたんと腹ばいになったのではないかという人もいます。

前足はきょくたんに小さくて、体のつくり全体からして、水中生活にはまったくふむきだったと考えられています。

ものがたりの中で、せっかくかみついたボスのジャンボをのがし、あとを追っかけて、水を見たとたんに、ギクッ！　として立ちどまるところがありましたが、おそらく水はにがてだったにちがいありません。

タルボサウルス（モンゴル）

それにしても、パキケファロサウルスがいた七千万年前から六千五、六百万年前の白亜紀後期には、ゴルゴサウルスをはじめ、おそろしい肉食きょうりゅうたちがいました。

北アメリカで発見されたティラノサウルスも、ゴルゴサウルスと同じように、パキケファロサウルスにとっては、もっともおそろしい敵だったことでしょう。

ティラノサウルスのなかまは、アジアのモンゴルにもいました。それがタルボサウルスです。

白亜紀後期の肉食きょうりゅうたち

ティラノサウルス（アメリカ）　ゴルゴサウルス（カナダ）

タルボサウルスは、これまでアジアで発見された肉食きょうりゅうの中では、もっとも大きく、おそろしいあばれんぼうでした。

全長一〇～一二メートル、体重は四～五トン、ティラノサウルスと同じくらいの大きさでした。

タルボサウルスの骨の実物や模型は、静岡市にある東海大学自然史博物館や、全国各地の博物館に展示されています。

国立科学博物館に展示されていたタルボサウルスの骨格模型

たかしよいち

1928年熊本県生まれ。児童文学作家。壮大なスケールの冒険物語、考古学への心おどる案内の書など多くの作品がある。主な著作に『埋ずもれた日本』(日本児童文学者協会賞)、『竜のいる島』(サンケイ児童図書出版文化賞・国際アンデルセン賞優良作品)、『狩人タロの冒険』などのほか、漫画の原作として「まんが化石動物記」シリーズ、「まんが世界ふしぎ物語」シリーズなどがある。

中山けーしょー

1962年東京都生まれ。本の挿絵やゲームのイラストレーションを手がける。主な作品に、小前亮の「三国志」シリーズ、「逆転！痛快！日本の合戦」シリーズなどがある。現在は、岐阜県在住。

◇本書は、2001年8月に刊行された「まんがなぞとき恐竜大行進 10 ふんばるぞ！パキケファロサウルス」を、最新情報にもとづき改稿し、新しいイラストレーションによってリニューアルしました。

新版なぞとき恐竜大行進

パキケファロサウルス 石頭と速い足でたたかえ！

2016年10月初版
2021年 9 月第2刷発行

文　たかしよいち
絵　中山けーしょー
発行者　内田克幸
発行所　株式会社理論社
〒101-0062 東京都千代田区神田駿河台 2-5
電話［営業］03-6264-8890［編集］03-6264-8891
URL https://www.rironsha.com

企画 …… 山村光司
編集・制作 … 大石好文
デザイン …… 新川春男（市川事務所）
組版 …… アズワン
印刷・製本 … 中央精版印刷
制作協力 …… 小宮山民人

©2016 Taro Takashi, Keisyo Nakayama Printed in Japan
ISBN978-4-652-20153-4 NDC457 A5変型判 21cm 86P

落丁・乱丁本は送料小社負担にてお取り替え致します。
本書の無断複製（コピー、スキャン、デジタル化等）は著作権法の例外を除き禁じられています。私的利用を目的とする場合でも、代行業者等の第三者に依頼してスキャンやデジタル化することは認められておりません。

遠いとおい大昔、およそ1億6千万年にもわたって
たくさんの恐竜たちが生きていた時代――。
かれらはそのころ、なにを食べ、どんなくらしをし、
どのように子を育て、たたかいながら……
長い世紀を生きのびたのでしょう。
恐竜なんでも博士・たかしよいち先生が、
新発見のデータをもとに痛快にえがく

「なぞとき恐竜大行進」シリーズが、
新版になって、ゾクゾク登場!!

新版 なぞとき 恐竜大行進

第Ⅰ期 全5巻

①フクイリュウ　福井で発見された草食竜
②アロサウルス　あばれんぼうの大型肉食獣
③ティラノサウルス　史上最強！恐竜の王者
④マイアサウラ　子育てをした草食竜
⑤マメンチサウルス　中国にいた最大級の草食竜

第Ⅱ期 全5巻

⑥アルゼンチノサウルス　これが超巨大竜だ！
⑦ステゴサウルス　背びれがじまんの剣竜
⑧アパトサウルス　ムチの尾をもつカミナリ竜
⑨メガロサウルス　世界で初めて見つかった肉食獣
⑩パキケファロサウルス　石頭と速い足でたたかえ！

第Ⅲ期 全5巻

⑪アンキロサウルス　よろいをつけた恐竜
⑫パラサウロロフス　なぞのトサカをもつ恐竜
⑬オルニトミムス　ダチョウの足をもつ羽毛恐竜
⑭プテラノドン　空を飛べ！巨大翼竜
⑮フタバスズキリュウ　日本の海にいた首長竜